BEI GRIN MACHT SICH IHR WISSEN BEZAHLT

- Wir veröffentlichen Ihre Hausarbeit,
  Bachelor- und Masterarbeit

- Ihr eigenes eBook und Buch -
  weltweit in allen wichtigen Shops

- Verdienen Sie an jedem Verkauf

Jetzt bei www.GRIN.com hochladen und kostenlos publizieren

Bibliografische Information der Deutschen Nationalbibliothek:

Die Deutsche Bibliothek verzeichnet diese Publikation in der Deutschen National-
bibliografie; detaillierte bibliografische Daten sind im Internet über http://dnb.d-
nb.de/ abrufbar.

Dieses Werk sowie alle darin enthaltenen einzelnen Beiträge und Abbildungen
sind urheberrechtlich geschützt. Jede Verwertung, die nicht ausdrücklich vom
Urheberrechtsschutz zugelassen ist, bedarf der vorherigen Zustimmung des Verla-
ges. Das gilt insbesondere für Vervielfältigungen, Bearbeitungen, Übersetzungen,
Mikroverfilmungen, Auswertungen durch Datenbanken und für die Einspeicherung
und Verarbeitung in elektronische Systeme. Alle Rechte, auch die des auszugsweisen
Nachdrucks, der fotomechanischen Wiedergabe (einschließlich Mikrokopie) sowie
der Auswertung durch Datenbanken oder ähnliche Einrichtungen, vorbehalten.

Impressum:

Copyright © 2009 GRIN Verlag, Open Publishing GmbH
Druck und Bindung: Books on Demand GmbH, Norderstedt Germany
ISBN: 9783668496620

Dieses Buch bei GRIN:

http://www.grin.com/de/e-book/371298/versuche-mit-medizintechnischen-geraeten-
in-der-chemie

Hannes Sander

Versuche mit medizintechnischen Geräten in der Chemie

GRIN Verlag

GRIN - Your knowledge has value

Der GRIN Verlag publiziert seit 1998 wissenschaftliche Arbeiten von Studenten, Hochschullehrern und anderen Akademikern als eBook und gedrucktes Buch. Die Verlagswebsite www.grin.com ist die ideale Plattform zur Veröffentlichung von Hausarbeiten, Abschlussarbeiten, wissenschaftlichen Aufsätzen, Dissertationen und Fachbüchern.

Besuchen Sie uns im Internet:

http://www.grin.com/

http://www.facebook.com/grincom

http://www.twitter.com/grin_com

PRAKTIKUMS-BERICHT

zum Praktikum Chemie im Alltag

Im Studiengang B.Sc. Lehramt an Gymnasien

Hannes Sander

INHALTSVERZEICHNIS

Durch Zufall entdeckte ich im Internet das Konzept „Chemie mit medizintechnischem Zubehör" (ChemZ) (1), das sofort mein Interesse weckte. Hierbei werden mit Hilfe verschiedenen
medizinischen Zubehörs chemische Reaktionen untersucht: Es kommen Spritzen, Magen-
sonden, spezielle Dreiwegehähne und vieles andere mehr zum Einsatz, wobei alle Versuche
des ursprünglichen Konzepts speziell für ihren Einsatz in der Schule ausgerichtet sind.

Im Rahmen des Praktikums „Chemie im Alltag", das ich während meines Studiums des Lehr-
amts an Gymnasien an der Universität Hamburg im August 2010 absolvierte, ergab sich nun
für mich die Möglichkeit, den Nutzen des Konzepts, seine Potentiale und Stolpersteine einmal selbst zu erfahren. Ich stellte daher mein zweiwöchiges Praktikum unter das Oberthema
„Gase", die ich mit Hilfe von ChemZ näher untersuchen wollte.

Die Alltagsrelevanz dieses Themas liegt für mich in zwei Punkten begründet. Zum einen be-
sitzen die medizinischen Geräte an sich eine größere Alltagsrelevanz als klassische chemische
Glasgeräte. Sie sind näher an der Lebenswelt der allermeisten Menschen (also gerade auch
an derjenigen der Schüler) – allein dadurch, dass Spritzen und ähnliches aus völlig anderen
Kontexten (Ärzte, Spielzeug aus Kindertagen) bekannt sind.

Zum anderen sind die von mir untersuchten Gase höchst alltagsrelevant und es ist wichtig,
sich mit ihren Eigenschaften auseinanderzusetzen. Dies beginnt mit der uns alle umgeben-
den Luft, geht weiter mit Reaktionen von Gasen (Wasser entsteht zum Beispiel bei der Reaktion von gasförmigem Wasserstoff mit gasförmigem Stickstoff) und endet noch lange nicht
mit der Feststellung, dass auch bei Vorgängen wie dem Auflösen einer Brausetablette, dem
Entkalken von Küchengeräten oder der Reaktion von Haushaltsreinigern Gase oftmals direkt
beteiligt sind. Weitere Stichworte, die die Alltagsrelevanz von Gasen verdeutlichen, sind
Treibhausgase (hier besonders das von mir während des Praktikums oft verwendete Kohlenstoffdioxid CO_2), Gase im Blut (Verständnis der „Taucherkrankheit", Transport von Sauerstoff
und Kohlenstoffdioxid) und viele andere mehr.

In diesem Praktikumsbericht möchte ich nun zunächst das Konzept von ChemZ näher vor-
stellen, einige theoretische Betrachtungen über Gase anstellen, meine Versuche mit Vor-
schriften, Beobachtungen und Deutungen darlegen und schließlich kurz zusammenfassend
über meine Erfahrungen mit dem Konzept ChemZ reflektieren.

Das Konzept „**Che**mie **m**it medizintechnischem Zubehör" (1) wurde von Gregor von Borstel, einem Chemielehrer, entwickelt. Verschiedenste chemische Reaktionen lassen sich in Spritzen und ähnlichen, aus dem medizinischen Umfeld bekannten, Geräten durchführen. Versuche mit ChemZ bieten mehrere Vorteile, die besonders für die Schule interessant zu sein scheinen.

So ist die Durchführung von Versuchen in Spritzen oft wesentlich kostengünstiger als in klassischen Glasgeräten: Ein Klassensatz Spritzen ist deutlich günstiger als ein Klassensatz eines beliebigen Glasgerätes. Außerdem werden die Versuche mit kleinen Stoffmengen in sehr robusten Kunststoffspritzen durchgeführt. Die Gefahr von Verletzungen durch Glassplitter wird durch den Verzicht auf empfindlichere Geräte wesentlich verkleinert.

Schließlich sind durch das einfache Stecksystem von Spritzen (sogenannte Luer- und Luer-Lock-Anschlüsse) Aufbauten wesentlich zeiteffizienter zu realisieren als dies mit Schliffgeräten der Fall ist.

Erfahrungen, die im Internet geschildert werden (1), legen nahe, dass auch Schüler das Konzept sehr gut annehmen. So seien die Schüler äußerst motiviert bei der Sache und froh, dass sie viele Versuche einfach und schnell selbst durchführen könnten.

Die im Handbuch (2) aufgeführten Versuche decken bereits ein großes Spektrum an Versuchen ab. Es lassen sich aber auch viele andere Reaktionen mit kleinen Abwandlungen mit Hilfe des Konzepts durchführen.

3   THEORETISCHER TEIL – GASE

3.1   GASE IM VERGLEICH ZU ANDEREN AGGREGATZUSTÄNDEN

Gase verhalten sich im Wesentlichen alle gleich und sind vergleichsweise leicht zu beschreiben. Bei ihnen sind daher – im Gegensatz zu den bis heute nur unvollständig beschreibbaren Flüssigkeiten und den vergleichsweise komplizierten Festkörpern die Zusammenhänge zwischen den Eigenschaften einzelner Moleküle und den makroskopischen Eigenschaften des Gases gut zu erkennen.

Gas lassen sich leicht komprimieren, ganz im Gegensatz zu Festkörpern und Flüssigkeiten, da sich die einzelnen Gasmoleküle mehr oder minder regellos bewegen. Die Moleküle in Gasen sind im Vergleich zu ihrer Ausdehnung weit voneinander entfernt, weshalb intermolekulare Wechselwirkungen - bis auf direkte Stöße - oft vernachlässigbar sind (Modell des idealen Gases). Der Zustand eines Gases lässt sich unter anderem durch den Druck beschreiben (3).

3.2 DAS IDEALE GAS UND SEINE ZUSTANDSGLEICHUNG

Ein Gas, bei dem die einzelnen Gasmoleküle als Kugeln mit einem festen Radius r_0 betrachtet werden und deren Volumen im Vergleich zu dem Volumen, das den Molekülen zur Bewegung zur Verfügung steht vernachlässigbar ist sowie die einzelnen Moleküle nur durch elastische Stöße untereinander wechselwirken nennt man ein ideales Gas (4).

Zur Beschreibung eines idealen Gases wird das sogenannte ideale Gasgesetz, das einen Zusammenhang zwischen den Größen Volumen V, Druck p, Stoffmenge n und Temperatur T mittels der idealen Gaskonstanten R herstellt, verwendet:

$$p \cdot V = n \cdot R \cdot T$$

Dieses lässt sich formal aus den empirisch gewonnenen Gesetzen von Boyle, Gay-Lussac und dem Avogadro-Prinzip herleiten.

Das Gesetz von Boyle besagt, dass das Volumen eines Gases bei konstanter Temperatur antiproportional zu seinem Volumen ist:

$$p \sim \frac{1}{V}$$

Diese Gleichung entspricht einer Isothermen im p-V-Zustandsdiagramm eines Gases. Das Gesetz von Charles und Gay-Lussac besagt, dass das Volumen V einer bestimmten Gasmenge in einem abgeschlossenen System bei konstantem Druck proportional zur absoluten Temperatur T ist:

$$V \sim T$$

Das Prinzip von Avogadro stellt schließlich einen Zusammenhang zwischen dem molaren Volumen eines Gases und seiner Stoffmenge her. So ist das Volumen eines Gases direkt proportional zu seiner Stoffmenge:

$$V \sim n$$

Durch Kombination dieser drei Proportionalitäten erhält man schließlich die Zustandsgleichung eines idealen Gases. Diese ist für jedes Gas im Grenzfall kleiner Drücke (p→0) erfüllt. Im Bereich des normalen Luftdrucks ist diese Näherung zur Beschreibung von Gasen meist allerdings ausreichend (3).

3.3 DRUCK ALS ZUSTANDSGRÖßE

Der Druck p ist definiert als Ableitung der vektoriellen Größe Kraft F nach der Fläche, symbolisiert durch ein gerichtetes Flächenelement A, also

$$dp = \frac{|\overrightarrow{dF}|}{|\overrightarrow{dA}|}$$

Seine SI-Einheit ist das Pascal (Pa). Der Druck ist – genau wie die Temperatur– eine intensive Zustandsgröße. Dies bedeutet, dass der momentane Zustand des Systems durch diese Größen charakterisiert wird, unabhängig davon, auf welchem Weg der Zustand erreicht wurde. Im Unterschied zur extensiven Zustandsgröße Volumen ändert sich die intensive Zustandsgröße nicht bei Veränderung der Systemgröße.

Zur Messung des Druckes dient ein Manometer. Diese sind im einfachsten Fall aus einem an einer Seite abgeschlossenen U-Rohr ausgeführt, das den Außendruck mit dem Dampfdruck der Flüssigkeit im U-Rohr vergleicht. Mittlerweile gibt es aber auch digitale Manometer (3).

3.4 PARTIALDRÜCKE UND DAS GESETZ VON DALTON

Der Gesamtdruck p eines Gasgemisches setzt sich nach dem Gesetz von Dalton aus den Partialdrücken p_i seiner einzelnen Komponenten zusammen:

$$p = \sum_i p_i$$

Da der Druck eines Gases nach dem idealen Gasgesetz proportional zu seiner Stoffmenge n ist (bei konstantem Volumen und konstanter Temperatur), ist der Partialdruck eines Gases vollständig durch den Molenbruch x_i charakterisiert. Dieser ist definiert über:

$$x_i = \frac{n}{n_A + n_B + ..}$$

n_A bzw. n_B bezeichnet hierbei die Stoffmenge der Komponente A bzw. B. Die Summe über alle Molenbrüche muss 1 ergeben. Der Zusammenhang zwischen Partialdruck p_i, Molenbruch x_i und Gesamtdruck p ist also:

$$p_i = x_i \cdot p$$

4.1   ERZEUGUNG UND NACHWEIS VON GASEN

4.1.1   SAUERSTOFF (DARSTELLUNG UND NACHWEIS)

In ein Reagenzglas mit Ansatz wurde ein Spatel Trockenhefe aus dem Supermarkt gegeben und das Reagenzglas mit einem mit einer Kanüle durchbohrten Stopfen verschlossen. In eine Spritze wurden 10 mL Wasserstoffperoxid-Lösung (3%) gezogen und auf die Kanüle im durchbohrten Stopfen gesetzt. Die Wasserstoffperoxid-Lösung wurde langsam zugetropft, wobei eine heftige Gasentwicklung einsetzte und die im Reagenzglas befindliche Mischung aus Hefe und Wasser stark aufschäumte.

Abbildung 1: Apparatur zur Entwicklung von Gas in einem Reagenzglas mit seitlichem Ansatz. Im Bild wurde das entstehende Gas in einem mit Wasser gefüllten, umgedrehten Reagenzglas aufgefangen.

Das entstandene Gas wurde durch einen am seitlichen Ansatz befindlichen Schlauch in ein umgedrehtes, in einer Wasserwanne befindliches Reagenzglas geleitet (siehe Abbildung 1). Dieses Reagenzglas wurde zuvor vollständig mit Wasser gefüllt, sodass das aufgefangene Gas möglichst frei von Verunreinigungen durch die Umgebungsluft erhalten wurde. Das entstandene Gas wurde mittels Glimmspanprobe als Sauerstoff identifiziert. Hierzu wurde ein leicht glimmendes Stück Holz in das aufgefangene Gas gehalten, wodurch es stärker aufleuchtete.

Hefe enthält ein Enzym (Katalse), das die Umsetzung von Wasserstoffperoxid zu Wasser und Sauerstoff katalysiert. Bei der Katalase handelt es sich um ein Häm-Protein, die eigentliche

Umsetzung ist formal eine Disproportionierung des Sauerstoffs (3): Dieser besitzt im Wasserstoffperoxid eine Oxidationszahl von +I, im molekularen Sauerstoff eine von 0 und im Wassermolekül eine von –II:

$$2\ H_2O_2 \rightarrow 2\ H_2O + O_2$$

4.1.2 KOHLENSTOFFDIOXID (DARSTELLUNG UND NACHWEIS)

Kohlenstoffdioxid wurde auf zwei unterschiedliche Arten dargestellt. An dieser Stelle soll die Gasentwicklung aus Natriumcarbonat beschrieben werden. Die Herstellung aus Brausetabletten ist in Kapitel 4.2.3 beschrieben.

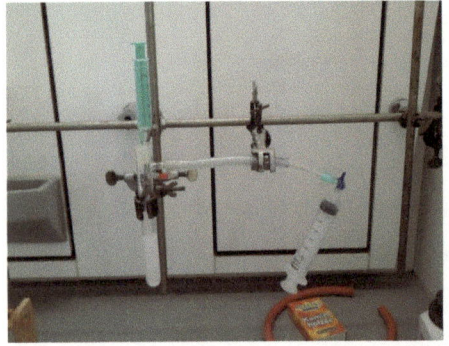

Der im vorigen Kapitel beschriebene Aufbau diente als Reaktionsapparatur. Im Reagenzglas wurde eine Spatelspitze Natriumcarbonat vorgelegt. Dazu wurden tropfenweise 10 mL verdünnte Salzsäure gegeben. Das entstandene Gas wurde über einen Schlauch und einen Dreiwegehahn in einer weiteren Spritze aufgefangen (siehe Abbildung 2).

Das in der zweiten Spritze erhaltene Gas wurde mittels Kalkwasserprobe als CO_2 identifiziert. Hierzu wurde Kalkwasser hergestellt, indem 1,13 g Calciumhydroxid ($Ca(OH)_2$) in 500 mL Wasser

Abbildung 2: Gasentwickler mit direktem Gasauffang in einer Spritze.

suspendiert wurden und die Suspension durch einen Faltenfilter filtriert wurde. Das in der Spritze befindliche Gas wurde durch das Filtrat gepresst. Hierbei trat eine milchig-weiße Trübung in der Flüssigkeit auf.

Zur Erzeugung von Kohlenstoffdioxid können Carbonate mit Säuren umgesetzt werden. Hierbei wird das Carbonat-Anion protoniert, es entsteht Kohlensäure (H_2CO_3). Diese spaltet sehr leicht Wasser ab, wobei CO_2 und H_2O entstehen:

$$CO_3^{2-}\ (aq) + 2\ H^+\ (aq) \rightarrow H_2CO_3\ (aq) \rightarrow CO_2\ (g) + H_2O\ (l)$$

Kohlenstoffdioxid bildet mit dem im Kalkwasser enthaltenen $Ca(OH)_2$ das schwerlösliche Calciumcarbonat. Dieses fällt als weißer Feststoff aus:

$$Ca(OH)_2\ (aq) + CO_2\ (g) \rightarrow CaCO_3\ (s) + H_2O\ (l)$$

4.1.3 WASSERSTOFF (DARSTELLUNG)

Bei entferntem Stempel wurde eine Spatel-spitze Magnesiumspäne in eine Spritze (50 mL) gegeben und der Stempel wieder aufgesetzt. Die Spritze wurde unten fest mit einem Drei-wegehahn verschlossen. Über eine am Hahn befestigte Kanüle wurde wenig verdünnte Salz-säure angesaugt und die Spritze über den Hahn verschlossen. Es begann eine lebhafte Gasentwicklung in der Spritze, wobei der Stempel schnell nach oben gedrückt wurde. Als sich genügend Gas entwickelt hatte, wurde der Stempel festgehalten und der Hahn geöffnet. Die Flüssigkeit sowie wenige Magnesiumreste wurden durch den in der Spritze herrschenden Überdruck herausgedrückt. Der Dreiwegehahn wurde verschlossen und das entstandene Gas mittels Knallgasprobe (siehe unten) als Wasser-stoff identifiziert.

Bei der Einwirkung von Säuren auf unedle Metalle, also Metalle, die in der elektrochemi-schen Spannungsreihe ein geringeres Normalpotential als das Redoxpaar H^+/H_2 aufweisen, werden Protonen zu elementarem Wasserstoff reduziert, das Metall zum Metallkation oxi-diert (4). Im Falle von Magnesium lautet die Reaktionsgleichung:

$$Mg + 2\ H_3O^+ \rightarrow H_2 + Mg^{2+} + 2\ H_2O$$

4.1.4 KNALLGASPROBE (WASSERSTOFFNACHWEIS)

Die Knallgasprobe wurde auf die hier beschriebene Art sowohl mit reinem Wasserstoff als Nachweisreaktion für Wasserstoff als auch mit einer Mischung aus Sauerstoff und Wasser-stoff ("Knallgas") durchgeführt. Hier ist die Durchführung mit Knallgas beschrieben, die Durchführung als Nachweis erfolgte analog, jedoch nur mit einer Spritze.

In je einer Spritze wurden 20 mL Wasserstoff und 10 mL Sauerstoff eingefüllt und über einen Dreiwegehahn in einer Spritze gemischt. Das Knallgasgemisch wurde über eine Kanüle in eine Petrischale mit Seifenlösung eingebracht. Hierbei entstanden Seifenblasen. Die Seifen-blasen wurden mit einem Glimmspan zur Explosion gebracht, wobei ein deutlicher Knall zu hören war.

Wasserstoff und Sauerstoff reagieren in einer stark exothermen Elektronenübertragungsre-aktion zu Wasser miteinander. Diese Reaktion kann entweder räumlich getrennt durchge-führt werden (Brennstoffzelle) oder aber als Knallgasreaktion. Die Reaktionsgleichung für die Knallgasreaktion lautet:

$$2\ H_2\ (g) + O_2\ (g) \rightarrow 2\ H_2O\ (l)$$

4.2.1 DICHTEBESTIMMUNG

Für die Bestimmung der Dichte von Gasen in Spritzen wurde zunächst der Stempel einer Spritze (50 mL) mit einem Nagel durchbohrt. Vorne wurde die Spritze mit einem Stopfen gasdicht verschlossen. So war es möglich, die Spritze zunächst zu verschließen, dann aufzuziehen, mit dem Nagel zu arretieren (Abbildung 4) und leer zu wiegen. So wurde das Leergewicht der Spritze m(Spritze) erhalten.

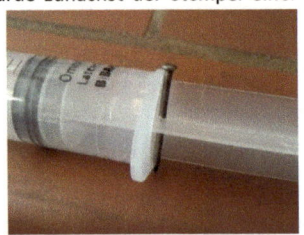

Es wurden nacheinander gleiche Volumina (50 mL) verschiedener Gase in die gleiche Spritze gefüllt und gewogen. Hierdurch wurde m(Gas) als Masse der mit Gas gefüllten Spritze erhalten. Aus der Massendifferenz lässt sich die Dichte ρ der Gase über folgende Formel berechnen:

Abbildung 3: Arretierung zur Dichtebestimmung

$$\rho = \frac{m(Gas) - m(Spritze)}{50\ mL}$$

Tabelle 1: Ergebnisse der Dichtebestimmung. Es wurde jeweils eine Gasmenge von 50 mL benutzt.

Gas	m(Gas)-m(Spritze) / g	ρ / g/L
Luft	0,059	1,18
N_2	0,058	1,16
CO_2	0,090	1,80
O_2	0,065	1,30

Die Ergebnisse der Dichtebestimmung sind in Tabelle 1 dargestellt. Die auf die beschriebene Art ermittelten Werte für die Dichte bei Raumtemperatur (22 °C) stimmen in der Größenordnung gut mit Literaturwerten (5) überein. Hauptschwierigkeit waren die sehr geringen Massendifferenzen, die nur mit einer entsprechend kalibrierten Analysewaage zuverlässig bestimmt werden können.

Es wird aus den Messergebnissen sehr deutlich, dass Kohlenstoffdioxid eine deutlich größere Dichte als die Luft besitzt. Dies wurde experimentell noch dadurch verifiziert, dass aus einer Spritze CO_2 in ein schmales Becherglas geleitet wurde, in dem eine Kerze brannte. Nach wenigen Augenblicken erlosch die Kerze, da das CO_2 die restliche Luft und somit den für die Verbrennung notwendigen Sauerstoff verdrängte.

4.2.2 SAUERSTOFFGEHALT DER LUFT

Der Sauerstoffgehalt der Luft wurde auf zwei verschiedene Arten bestimmt. Zum einen durch die Reaktion des Sauerstoffes mit Eisenwolle, zum anderen durch die Reaktion des Sauerstoffes mit einem ThermaCare-Wärmekissen aus der Apotheke.

Sauerstoffgehalt mit Eisenwolle

In eine Spritze wurden 50 mL Luft gesaugt, die andere blieb leer. Die Spritzen wurden mit einem Glasrohr über ein kurzes Schlauchstück gasdicht verbunden. Im Glasrohr befand sich ein Stück Eisenwolle. Die Dichtigkeit der Apparatur wurde überprüft, indem die Luft aus der einen Spritze vollständig in die andere überführt wurde.
Mit dem Bunsenbrenner wurde das Glasrohr am Metall erhitzt. Dann wurde die Luft zwischen den zwei Spritzen einige Male hin und her geschoben. Hierbei leuchtete die Eisenwolle rötlich auf. Die Volumenveränderung betrug 10 mL.

Durch starkes Erhitzen von Eisen wird die Oxidation von Eisen zu verschiedenen Eisenoxiden in Gang gebracht. Der in der Luft vorhandene Sauerstoff wird durch diese Reaktion nahezu vollständig in als Feststoff vorliegenden Eisenoxiden gebunden. Die beobachtbare Volumenveränderung ist also auf das Verschwinden von Sauerstoff aus der Gasphase zurückzuführen.

Aus den Messungen ergibt sich ein Anteil von 20% Sauerstoff an der Luft. Dies stimmt mit dem Literaturwert (6) von rund 21% gut überein.

Sauerstoffgehalt mit ThermaCare

Für den Versuch wurden zwei Spritzen gasdicht über einen Dreiwegehahn verbunden.

Vorversuch: In eine Spritze wurden 50 mL Stickstoff gegeben, in die andere ein kleines Stück ThermaCare. Beide Spritzen wurden miteinander verbunden und der Stickstoff zum ThermaCare gegeben. Auch nach mehreren Minuten war keine Erwärmung des ThermaCare-Stücks zu beobachten.

Vorversuch: In eine Spritze wurden 50 mL Sauerstoff gegeben und der Versuch wie oben ausgeführt. Bereits nach kurzer Zeit war eine deutliche Wärmeentwicklung zu bemerken.

Nun wurde in die eine Spritze 50 mL Luft gegeben und der Versuch wie oben ausgeführt. Das ThermaCare-Stück wurde spürbar warm. Nach einer halben Stunde war eine deutliche Volumenänderung auf 39 mL zu beobachten.

Laut Herstellerangaben (7) beruht die Wärmeentwicklung von Thermacare auf der langsamen Oxidation von Eisen durch Luftsauerstoff. Diese erfolgt nach der folgenden Reaktionsgleichung:

$$4\ Fe + 3\ O_2 + 6\ H_2O \rightarrow 4\ Fe(OH)_3 + Wärme \rightarrow 2\ Fe_2O_3 + 6\ H_2O$$

Wird davon ausgegangen, dass der Luftsauerstoff in der Spritze quantitativ gebunden wird, ergibt sich mit einem Verbrauch von 11 mL Luft ein Wert für den Sauerstoffgehalt der Luft von 22%. Auch dieser Wert stimmt gut mit dem Literaturwert überein.

4.2.3 HYDROGENCARBONATGEHALT EINER BRAUSETABLETTE

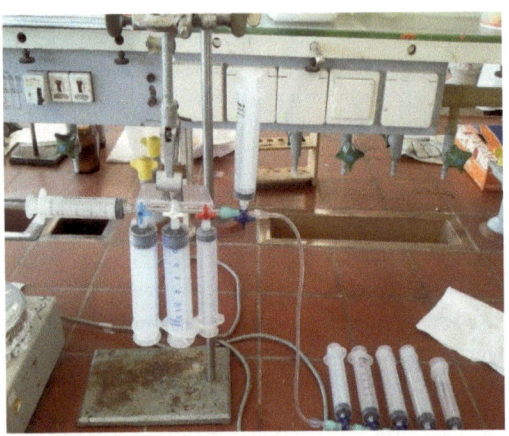

Zur Bestimmung des Gehalts an Hydrogencarbonat in Brausetabletten wurde eine definierte Menge einer Brausetablette in eine Spritze gegeben. Diese war über mehrere Dreiwegehähne mit weiteren Spritzen zum Auffangen des entstehenden Gases verbunden. Um die Reaktion zu starten, wurden 20 mL Wasser zugegeben, wodurch eine lebhafte Gasentwicklung einsetzte.

Abbildung 4: Apparatur zur Entwicklung von Kohlenstoffdioxid aus Brausetabletten. Über die waagerechte linke Spritze wurde das Wasser in die senkrechte linke Spritze gegeben, wo die eigentliche Reaktion stattfand. Die weiteren Spritzen wurden nach und nach zugeschaltet, um das entstandene Gas aufzufangen.

Untersucht wurde eine Brausetablette der Firma „Drofa Vital" „Zink + Vitamin C". Das Gewicht einer Tablette wurde zu 6,00 g bestimmt. Für die Untersuchung des Hydrogen-carbonatgehalts wurden 2,89 g einer Brausetablette verwendet. Als Gas entstand insgesamt (bei Einsatz von 20 mL Wasser) ein Volumen von 243 mL. Für eine ganze Tablette entspricht dies 505 mL entstandenem Gas, welches positiv mittels Kalkwasserprobe als CO_2 identifiziert werden konnte.

Bei einer Brausetablette wird das Gas durch Protonierung des in der Tablette vorhandenen Hydrogencarbonats HCO_3^- erzeugt. Hierbei entsteht letztlich pro Mol HCO_3^- ein Mol CO_2. Über das ideale Gasgesetz $p \cdot V = n \cdot R \cdot T$ lässt sich also aus dem entstandenen Volumen CO_2 (V), der Umgebungstemperatur T und dem Luftdruck p in Verbindung mit der idealen Gaskonstante R die Stoffmenge an Hydrogencarbonat berechnen.

Als Umgebungstemperatur wurde T=22°C, als Umgebungsdruck p=1000 mbar und als Volumen einer ganzen Brausetablette V=505 mL gemessen. Hieraus ergibt sich mit R=83140 mbar·cm^3 / (mol·K) für die Stoffmenge n:

$$n = \frac{1000 \text{ mbar} \cdot 505 \text{ cm}^3 \cdot \text{mol} \cdot \text{K}}{83140 \text{ mbar} \cdot \text{cm}^3 \cdot 295{,}15 \text{ K}} = 20{,}6 \text{ mmol}$$

Dies entspricht einer Masse von 1,26 g Hydrogencarbonat bzw. 1,73 g Natriumhydrogencarbonat pro Brausetablette. Da laut Packungsaufdruck $NaHCO_3$ neben Zitronensäure der Hauptbestandteil der Tablette ist, ist das Ergebnis durchaus plausibel. Jedoch ist die Genauigkeit des Versuches zum einen durch die relativ hohe Löslichkeit von Kohlenstoffdioxid in Wasser beeinflusst, zum anderen durch die Genauigkeit der Volumenmessung und das Totvolumen durch die verschiedenen Schläuche begrenzt.

4.2.4 ZITRONENSÄUREGEHALT EINER BRAUSETABLETTE

Der Überschuss an Zitronensäure in der im vorigen Kapitel untersuchten Brausetablette wurde bestimmt, indem die Flüssigkeit mit der aufgelösten Brausetablette mit 0,1 molarer Natronlauge gegen Phenolphthalein titriert wurde. Zuvor wurde die Flüssigkeit in ein Becherglas überführt und zum Austreiben von gelöster Kohlensäure auf 95 °C erwärmt.

Bei der anschließenden Titration wurde am Umschlagspunkt ein Verbrauch von Natronlauge von 4,3 mL (0,43 mmol) festgestellt. Da Zitronensäure eine dreiprotonige Säure ist, entspricht dies einer Überschussstoffmenge von 0,143 mmol Zitronensäure in 2,89 g Brausetablette.zusammen mit 6,89 mmol Zitronensäure, die bereits zu Protonierung des Hydrogencarbonats verbraucht wurden, entspricht dies einer Gesamtstoffmenge von 7,01 mmol Zitronensäure. Dies entspricht einer Masse von 2,79 g Zitronensäure pro ganzer Brausetablette.

Dieses Ergebnis erscheint gemeinsam mit der zuvor ermittelten Masse Natriumhydrogencarbonat von 1,73 g pro Brausetablette und einem Brausetablettengewicht von 6,00 g durchaus plausibel. Literaturwerte zum Vergleich konnten nicht ermittelt werden.

4.2.5 SAUERSTOFFGEHALT EINES WASSERS

Der Sauerstoffgehalt des im Einzelhandel erhältlichen Getränkes „Active O2" sollte auf zwei verschiedene Arten bestimmt werden. Die Herstellerfirma wirbt damit, dass das Getränk die 15-fache Menge an Sauerstoff normalen Wassers enthält (8). Bei Normalbedingungen sind in Wasser nur rund 20 mg Sauerstoff pro Liter Wasser löslich (9). Normales Leitungswasser enthält Sauerstoff in der Größenordnung von 7 mg/L (2). Es soll untersucht werden, wie groß der Sauerstoffgehalt einer gerade geöffneten „Active O2"-Flasche tatsächlich ist.

Sauerstoffbestimmung nach ChemZ

Auf die geöffnete Active-O2-Flasche (Inhalt: 1 L Getränk) wurde ein passender, mit einer Kanüle durchbohrter Stopfen gesetzt. Das in der Flüssigkeit vorhandene Gas wurde durch langsames Erwärmen im Wasserbad aus der Flüssigkeit ausgetrieben und in einer auf der Kanüle befindlichen Spritze aufgefangen. Aus einem Liter „Active O2" konnten so 25 mL Gas ausgetrieben werden. Dieses konnte allerdings nicht sicher als reiner Sauerstoff identifiziert werden, sondern enthält vermutlich neben diesem auch beträchtliche Mengen an CO_2 und Spuren von anderen im Wasser gelösten Gasen (Stickstoff, ...).

Nimmt man an, dass es sich um 60% reinen Sauerstoff handelt, so ergibt sich aus dem Umgebungsdruck p=1000 mbar, dem aufgefangenen Volumen V, der idealen Gaskonstante R, der Umgebungstemperatur T=22°C sowie der molaren Masse von Sauerstoff M=32 g/mol eine Masse des gelösten Sauerstoffs von

$$m = \frac{p \cdot V}{R \cdot T} \cdot M \cdot 0,6 = 0,0196g$$

Das Wasser ist also nahe an der Sättigung mit Sauerstoff. Jedoch kann – zumindest bei einer geöffneten Flasche – keine Rede von einem „15-fachen Gehalt an Sauerstoff sein". Erklärbar scheint diese Zahl nur durch den erhöhten Druck in einer geschlossenen Flasche. So ist beim ersten Öffnen deutlich das Geräusch entweichenden Gases zu hören. Ganz jenseits aller Zweifel bezüglich der physiologischen Wirksamkeit von Sauerstoff im Magen-Darm-Bereich ist die Werbeaussage – zumindest für das Wasser, das tatsächlich in den Körper gelangt – irreführend.

Sauerstoffbestimmung nach Winkler

Zum Vergleich der eben bestimmten Menge an Sauerstoff sollte der Sauerstoffgehalt der Probe auch nasschemisch durch Titration bestimmt werden. Hierzu diente die Methode nach Winkler (10).

Die zu untersuchende Wasserprobe „Active O2" wurde in einen 250 mL Erlenmeyerkolben (Enghals) bis ca. 3 cm unter den Kolbenrand eingefüllt. Das Volumen des Wassers wurde mit einem Messzylinder zu 307 mL bestimmt.

In den Kolben wurden 3 mL Mangan(II)-Chloridlösung (6,5 mol/L, hergestellt durch 12,86 g $MnCl_2 \cdot 4H_2O$ und 10 mL dest. Wasser) und 3 mL Kaliumiodidhaltige Natronlauge (hergestellt aus ges. KI-Lösung und 2 molarer NaOH) hinzugefügt. Der Kolben wurde rasch mit einem Gummistopfen verschlossen. Der Kolben wurde umgeschüttelt, wobei sich eine bräunliche Färbung sowie ein bräunlicher Niederschlag in der Lösung bildete. Dieser Niederschlag setzte sich zwar am Boden ab, die bräunliche Färbung blieb aber bestehen. Der Niederschlag und die Färbung verschwanden auch nach Zugabe von Phosphorsäure nicht. Offenbar handelte es sich bei dem Niederschlag also nicht um das eigentlich entstehende MnO_2. Der Grund hierfür ist unklar. Vermutlich bildete sich durch verschiedene Substanzen im untersuchten Wasser bereits zu früh Iod, was die bräunliche Färbung erklären könnte. Da kein MnO_2 entstand, konnte die Vorschrift nicht weiter durchgeführt werden.

4.2.6 LÖSLICHKEIT VON GASEN IN WASSER

Es wurde die Löslichkeit sowohl von Sauerstoff als auch von CO_2 in Wasser untersucht. Diese sollen im Folgenden auch kurz mit den im vorigen Abschnitt erhaltenen Ergebnissen der Wassergehaltsbestimmung bezogen werden.

Zwei Spritzen wurden gasdicht mit einem Dreiwegehahn miteinander verbunden. In die eine Spritze wurde Sauerstoff bzw. Kohlenstoffdioxid, in die andere abgekochtes Wasser gefüllt.

Das Gas wurde vollständig in die Spritze überführt, die das Wasser enthielt. Diese wurde mittels des Dreiwegehahns verschlossen und mehrmals geschüttelt, bis keine weitere Volumenänderung mehr erkennbar war.

Bei den Versuchen mit Sauerstoff konnte praktisch keine Volumenveränderung festgestellt werden. Bei Kohlenstoffdioxid ergaben sich die in **Fehler! Verweisquelle konnte nicht gefunden werden.** aufgeführten Werte. Die Löslichkeit L wurde nach folgender Formel aus dem Umgebungsdruck p, der molaren Masse von CO_2 $M(CO_2)$, der idealen Gaskonstanten R, der Umgebungstemperatur T und dem benutzten Wasservolumen V(Wasser) berechnet:

$$L = \frac{p \cdot V(CO_2) \cdot M(CO_2)}{R \cdot T \cdot V(Wasser)}$$

Es wurden die Werte p=1000 mbar, $M(CO_2)$=32 g/mol, R=83140 mbar·mL/(mol·K) und T=295,15 K benutzt. Die Werte schwanken sehr stark, liegen aber alle im Bereich der Literaturwerte von rund 800 mg/L bei Normalbedingungen (2).

Tabelle 2: Ergebnisse der Löslichkeitsmessungen von Kohlenstoffdioxid in Wasser. Dargestellt ist das Gasvolumen zu Beginn V(Start), am Ende des Versuchs V(End), die benutzte Wassermenge V(Wasser) sowie die Löslichkeit L in mg/mL.

	V(Start) / mL	V(End) / mL	V(Wasser) / mL	L /mg / L
Versuch 1	13,5	11	10	326
Versuch 2	44	29	15	1304
Versuch 3	6	5	2	652

Die Spritzenmethode für die Löslichkeitsmessung ist geeignet, um qualitative Unterschiede zwischen verschiedenen Gasen aufzuzeigen. Für quantitative Aussagen ist sie jedoch weniger geeignet, da die Volumina nur mit einem großen Fehler ablesbar sind.

4.2.7 AMMONIAK-SPRINGBRUNNEN

Um das Thema „Löslichkeit von Gasen in Wasser" weiter zu vertiefen, wurde der sogenannte „Ammoniak-Springbrunnen-Versuch" durchgeführt. Hierzu wurde zunächst eine Universalindikator-Lösung hergestellt. Hierzu wurden 20 mg Methylrot, 40 mg Bromthymolblau, 40 mg Thymolblau und 10 Tropfen einer ethanolischen Phenolphthalein-Lösung in 100 mL Propanol gelöst.

Für den Springbrunnen wurde wenig konzentrierte Ammoniak-Lösung in ein Becherglas gefüllt. Dieses war mit einem durchbohrten Stopfen verschlossen und mittels eines Glasrohres mit einem Rundkolben verbunden. Das Reagenzglas wurde erhitzt und das aufsteigende Gas (NH_3) wurde im Rundkolben aufgefangen. Nach kurzer Zeit wurde der Rundkolben abgenommen und mit einem weiteren durchbohrten Stopfen mit Glasrohr versehen. Dieser wurde in ein großes, mit Wasser und einigen Tropfen Universalindikatorlösung gefülltes Becherglas gehalten. Nach kurzer Zeit sprudelte die Flüssigkeit von unten nach oben in den Kolben, wobei ein Farbumschlag vom Grünen ins Tiefblaue zu beobachten war.

Ammoniak löst sich sehr gut in Wasser. Kommt der erste Wassertropfen durch das Glasrohr in den Kolben, löst sich sofort eine merkliche Menge NH_3-Gas in diesem. Hierdurch entsteht ein leichter Unterdruck im Kolben, wodurch mehr und mehr Wasser durch das Glasrohr gedrückt werden kann. Die Verfärbung ist durch den Anstieg des pH-Wertes im Kolben erklärbar, da NH_3 in wässriger Lösung alkalisch reagiert.

4.3 PRÄPARATIVE ARBEITEN

4.3.1 DARSTELLUNG VON CHLOR

Die Gasentwicklungsapparatur nach der Spritzenmethode wurde aufgebaut. Mit einer schwergängigen Spritze wurden 10 mL konzentrierte Salzsäure langsam zu einer großen Spatelspitze Kaliumpermanganat getropft.

Das entstandene Chlorgas wurde mit einer leichtgängigen Spritze (50 mL) aufgefangen. Als ca. 30 mL Chlorgas in der Spritze gesammelt waren, wurde die Spritze abgenommen und auf eine in der Schutzkappe steckende Kanüle gesetzt, um das Gas später für die Darstellung von Natriumchlorid zu nutzen.

Gleichzeitig wurde der Stempel einer kleinen Spritze (10 mL) entfernt und die Spritze mit Aktivkohle befüllt. Diese Spritze wurde dann zur Adsorption eventuell weiter entstehenden Chlorgases auf die Kanüle des durchbohrten Stopfens gesetzt. Während des ganzen Experiments wurde ein Zerstäuber mit Sodalösung zur Niederschlagung eventuell austretenden Chlorgases bereitgehalten.

Nach Zugabe einiger Tropfen Salzsäure war eine heftige Reaktion und die Entstehung eines bräunlich-grünen Gases zu beobachten. Chlor entsteht bei dieser Reaktion durch die Oxidation von Chloridionen (der Salzsäure) durch das starke Oxidationsmittel Kaliumpermanganat nach folgender Reaktionsgleichung (11):

$$2\ MnO_4^- + 16\ H^+ + 10\ Cl^- \rightarrow 2\ Mn^{2+} + 5\ Cl_2 + 8\ H_2O$$

4.3.2 DARSTELLUNG VON NATRIUMCHLORID

Das im vorigen Versuch entwickelte Chlorgas wurde zur Darstellung von Natriumchlorid verwendet. Ein gut gereinigtes und entrindetes Stück Natrium wurde in einem in einem Stativbefestigten Glühröhrchen mittels Brenner zum Schmelzen gebracht. Sofort nach dem Schmelzen des Metalls wurde der Brenner entfernt und das Chlorgas langsam aus der Einwegspritze durch die aufgesetzte Kanüle direkt auf das Natrium geleitet. Die Kanüle wurde dabei möglichst tief in das Reagenzglas gesteckt. Hierbei war ein rötliches Aufleuchten des Natriums bemerkbar. An den Wänden des Glühröhrchens setzte sich ein weißliches Pulver (Natriumchlorid) ab (13).

Das Chlorgas reagiert in einer Elektronenübertragungsreaktion heftig mit elementarem Natrium. Das Natrium wird hierbei oxidiert, Chlor reduziert. Die Reaktion verläuft – nachdem eine relativ große Aktivierungsenergie zugeführt wurde – stark exotherm nach folgender Reaktionsgleichung:

$$2\ Na\ (l) + Cl_2\ (g) \rightarrow 2\ NaCl\ (s)$$

Um eventuell vorhandene Natriumreste zu vernichten, wurde nach Abkühlen in das Glühröhrchen vorsichtig Ethanol gegeben. Mit diesem wurde das Natrium langsam zu Natrium-ethanolat umgesetzt.

5 ZUSAMMENFASSUNG: ERFAHRUNGEN MIT CHEMZ

Das von mir benutzte Konzept „Chemie mit medizintechnischem Zubehör" hat mich während des Praktikums mehr und mehr überzeugt. Viele Reaktionen lassen sich mit Hilfe von Spritzen und einfachen, unempfindlichen Geräten schnell und mit kleinen Stoffmengen (auch im Schülerversuch) durchführen. Ein großer Vorteil ist weiterhin die einfache Handhabung von Gasen in den gasdicht verschließbaren Spritzen. Mit klassischen Glasgeräten ist die Handhabung von Gasen meist deutlich komplizierter und auch gefährlicher, da immer die Gefahr des Zerberstens besteht. Diese ist bei der Benutzung von Spritzen nicht gegeben.

Jedoch wird für den Umgang mit dem vielfältigen Zubehör eine gewisse Einarbeitungszeit benötigt, um alle Versuche schnell und erfolgreich durchführen zu können. So musste ich erst einmal lernen, wie genau die Spritzen mit den Hähnen verbunden werden, welche Möglichkeiten es gibt, Gase aufzufangen, wie ich am geschicktesten Spritzen miteinander verbinde und vieles andere mehr. Hier ist sind Kreativität und Spieltrieb gefordert.

Alles in allem hat mich das Konzept ChemZ gerade im Hinblick auf den Einsatz in der Schule überzeugt. Mit seiner Hilfe lassen sich viele Dinge wie die Dichtemessung mit guter Genauigkeit schnell und einfach sogar im Schülerversuch durchführen und viele Versuche, die ansonsten zu aufwändig/gefährlich wären, werden in der Schule durchführbar. Jedoch sollten in meinen Augen Schüler im Unterricht nicht den Eindruck bekommen, man könne alle Versuche mit Hilfe von Spritzen durchführen. Glasgeräte und „klassische" Laborgeräte müssen daher auch in jedem Unterricht ihren Platz bekommen. Im Rahmen eines integrierten Konzeptes lässt sich ChemZ aber gewinnbringend einsetzen.

Quelle der R- und S-Sätze: Sigma-Aldrich Laborkatalog (14).

Stoff	Gefahren-symb.	R-Sätze	S-Sätze	En-tsorgung (a)
Ammoniak (konz.)	C, N	34-50	26-36/37/39-45-61	(1)
Ammoniak-Gas	T,N	10-23-34-50	9-16-26-36/37/39-45-61	(2)
Bromthymolblau	-	-	-	(5)
Calciumoxid	C	34	26-36/37/39-45	(1)
Chlor	T,N	23-36/37/38-50	9-45-61	(8)
Eisen	F	11	16-33	(5)
Kaliumiodid	-	-	-	(5)
Kaliumperman-ganat	O,Xn,N	8-22-50/53	60-61	(8)
Kohlenstoffdioxid	-	-	9	(6)
Kupfer	F	11	16	(5)
Magnesiumpulver	F	11-15	43-7/8	(5)
Mangan(IV)chlorid	Xn	22-52	-	(5)
Methylrot	-	-	22-24/25	(5)
Natrium	F,C	14/15-34	8-43-45	(10)
Natriumcarbonat	Xi	36	22-26	(5)
Natriumhydroxid	C	35	26-37/39-45	(1)
Phenolphthalein-Lsg.	T	45-62-68	53-45	(5)
Phosphorsäure (85%)	C	34	26-45	(3)
Salzsäure (verd.)				(4)
Salzsäure (konz.)	C	34-37	26-36/37/39-45	(3)
Sauerstoff	O	8	17	(6)
Stärkelösung	-	-	-	(5)
Stickstoff	-	-	38	(6)
Thymolblau	-	-	-	(5)
Titrisol (Thiosulfat-Maßlösung)	-	-	-	(9)
Wasserstoff	F+	12	9-16-33	(7)
Wasserstoffperox-id (3%)	-	-	-	(8)
Zinkiodid-Stärkelösung	-	-	-	(5)

(a) **Entsorgungsschlüssel**

1) Vorsichtig mit Wasser verdünnen und über Behälter „Andere Basen" entsorgen.
2) In Wasser einleiten und wie (1).
3) Vorsichtig mit Wasser verdünnen und über Behälter „Andere Säuren" entsorgen.
4) Über Behälter „Andere Säuren" entsorgen.

5) Vorsichtig in verdünnter Salzsäure lösen und wie (4).
6) Im Abzug mit Luft verdünnen.
7) Vorsichtig im Abzug verbrennen.
8) Mit alkalischer Natriumthiosulfat umsetzen, mit verdünnter NaOH versetzen und über Behälter „Andere Basen" entsorgen.
9) Alkalisch machen und über Behälter „Andere Basen" entsorgen.
10) Vorsichtig mit Ethanol umsetzen und über Behälter für organische Lösungsmittel entsorgen.

7 LITERATURVERZEICHNIS

1. **von Borstel, Gregor.** Lebensnaher Chemieunterricht. [Online] [Cited: 08 28, 2010.] http://lcu.creos.de/index.php?navLev1=195.

2. **von Borstel, Gregor.** Handbuch ChemZ. [Online] 2009. [Cited: 08 28, 2010.] http://ne.lonet2.de/gregor.vonborstel/download/FB/Handbuch_V_1_1.pdf.

3. **Atkins, Peter W.; Jones, Loretta.** *Chemie - einfach alles!* 2. Auflage. Weinheim : WILEY-VCH, 2006.

4. **Demtröder, Wolfgang.** *Experimentalphysik 1.* 4. überarbeitete Auflage. Berlin, Heidelberg : Springer Verlag, 2006.

5. **Stryer, Lubert.** *Biochemie.* 4. Auflage. Heidelberg, Berlin, Oxford : Spektrum Akademischer Verlag, 1996.

6. **Wikibooks.** Tabellensammlung Chemie. [Online] [Cited: 09 09, 2010.] http://de.wikibooks.org/wiki/Tabellensammlung_Chemie/_Dichte_gasf%C3%B6rmiger_Stoffe.

7. **Wikipedia.** Wikipedia - Luft. [Online] [Cited: 09 09, 2010.] http://de.wikipedia.org/wiki/Luft.

8. **ThermaCare.** Informationen zur Wärmewirkung. [Online] [Cited: 09 09, 2010.] http://www.thermacare.de/waermetherapie_waermewirkung.php.

9. **O2, Active.** [Online] [Cited: 09 09, 2010.] http://www.activeo2.com/.

10. **Wikipedia.** Sauerstoff. [Online] [Cited: 09 09, 2010.] http://de.wikipedia.org/wiki/Sauerstoff.

11. **Wittenburg, Christian.** *Anorganisch-chemisches Kurspraktikum für Studierende mit Chemie im Nebenfach* . Hamburg : Universität Hamburg, Fachbereich Chemie, 2010.

12. **Jander; Blasius.** *Lehrbuch der analytischen und präparativen anorganischen Chemie.* 16. Auflage. Stuttgart : S. Hirzel Verlag, 2006.

13. **Obendrauf, Victor.** Chlor in der Schule. [Online] [Cited: 09 10, 2010.] http://schulen.eduhi.at/chemie/chlor1.htm#NaCl.

14. **Sigma-Aldrich.** Laborkatalog. [Online] [Cited: 09 10, 2010.] http://www.sigma-aldrich.com.

BEI GRIN MACHT SICH IHR WISSEN BEZAHLT

- Wir veröffentlichen Ihre Hausarbeit,
  Bachelor- und Masterarbeit

- Ihr eigenes eBook und Buch -
  weltweit in allen wichtigen Shops

- Verdienen Sie an jedem Verkauf

Jetzt bei www.GRIN.com hochladen und kostenlos publizieren